学习

Eureka Math®
四年级
模块1和2

Great Minds PBC is the creator of Eureka Math®,
Wit & Wisdom®, Alexandria Plan™, and PhD Science™.

Published by Great Minds PBC. greatminds.org

Copyright © 2020 Great Minds PBC. All rights reserved. No part of this work may be reproduced or used in any form or by any means—graphic, electronic, or mechanical, including photocopying or information storage and retrieval systems—without written permission from the copyright holder.

ISBN 978-1-64929-272-8

1 2 3 4 5 6 7 8 9 10 CCD 25 24 23 22 21 20

Printed in the USA

学习·练习·成功

Eureka Math® 的学生材料单位的故事® (K-5) 在可在学习、实践和成功三部曲中获得。该系列丛书支持差异化和矫正，同时保持学生资料条理清晰且易于使用。教育工作者会发现本学习、练习 和成功系列还提供连贯并且的因而，更有效的资源，用于干预响应(RTI)，额外练习和夏季学习。

学习

Eureka Math 学习充当学生的课堂同伴，他们每天展示自己的思想，分享他们知道的内容并观察每日的知识积累。学习汇集日常课堂作业—应用题，课堂反馈条，习题集，模板—一切尽在易于保存和浏览的卷中。

练习

每 Eureka Math 课程从一系列充满活力的欢乐流利活动开始，包括 Eureka Math 实践。数学方面熟练的学生可以更深入地掌握更多材料。运用实践，学生将掌握新习得的技能，并加强以前的学习，为下一堂课做准备。

携起手来，学习和实践提供学生将用于其核心数学教学的所有印刷材料。

成功

Eureka Math 成功课程使学生能够通过独立学习而逐步掌握。这些额外的习题集使每节课与课堂教学保持一致，使其成为家庭作业或额外练习的理想选择。每个习题集都有一个家庭作业助手，这是一组工作示例，说明如何解决类似的问题。

老师和辅导员可以使用上一年级的成功课本，作为填补基础知识空白的与课程设置一致的工具。随着熟悉的模型促进与当前年级内容的联系，学生将蓬勃发展，并更快地进步。

学生，家庭和教育工作者：

谢谢您的参与 *Eureka Math*® 社区，我们在此庆祝数学给我们带来的乐趣，奇迹和兴奋。

在 Eureka Math 课堂上，通过丰富的体验和对话来培养新的学习。的学习课本使得每个学生所需表达和巩固课堂学习的提示和习题序列掌握于手中。

学习课本里面内容是什么？

应用题： 在现实世界中解题是 Eureka Math 课程日常工作的一部分。在将他们的知识运用运用到新的和各种各样的场景时，学生会建立信心和毅力。该课程鼓励学生使用RDW程序—阅读习题，画图以理解习题，并编写方程式和解决方案。当学生分享他们的努力并互相解释他们的解决方案策略时，教师会提供帮助。

习题集： 习题集做了精心安排，提供的课堂机会为以实现独立工作，配有多个差异化切入点。教师可以使用"准备和自定义"程序为每个学生选择"必做"的习题。有些学生比其他学生完成更多的习题；重要的是，在老师的启发性支持下，所有学生都有10分钟的时间立即练习所学内容。

学生随身携带习题集将会达到每节课的学习高潮：学生汇报。在这里，学生与同伴和老师进行反思，阐明和巩固他们当天想知道的、注意到的和学到的内容。

退出票： 学生可以通过每日课堂反馈条向老师展示他们通过努力学到的知识。这项理解检查项为教师提供了当天教学效果的宝贵实时证据，从而为下一步的重点工作提供了重要的见解。

模板： 有时，"应用题"，"习题集"或其他课堂活动要求学生拥有自己的图片，可重复使用的模型或数据集的副本。这些模板中的每一个都配有要求的第一课。

在哪里可以了解更多 Eureka Math 资源？

Great Minds® 团队致力于通过不断增加的资源库为学生，家庭和教育工作者提供支持，网址为：eureka-math.org。该网站还在尤里卡数学社区提供了一些令人振奋的成功案例。通过成为 Eureka Math 优胜者与其他用户分享您的见解和成就。

祝愿您在一年中拥有满满的美好回忆！

Jill Diniz
Jill Diniz
数学主任
Great Minds

阅读—绘画—编写流程

本 Eureka Math 课程通过使用教师简单可重复的过程为学生解题提供支持。阅读—绘画—编写（RDW）过程要求学生

1. 阅读习题。
2. 绘制并标记。
3. 编写方程式。
4. 编写一个文字应用句子（陈述句）。

鼓励教育工作者通过插入问题来支持流程，例如

- 你看到了什么？
- 你能画点什么吗？
- 你从绘画中可得出什么结论？

运用这种系统开放的方法，通过问题参与推理的学生越多，他们在未来数年内将思维过程内在化并本能地进行应用的就会越多。

目录

模块1：数位值。四舍五入和加减法算法

主题A：多位数整数的数位值

第1课 3

第2课 13

第3课 23

第4课 31

主题B：比较多位数自然整数

第5课 37

第6课 47

主题C：四舍五入多位数自然整数

第7课 55

第8课 61

第9课 67

第10课 73

主题D：多位数整数加法

第11课 79

第12课 87

主题E：多位数整数减法

第13课 95

第14课 101

第15课 107

第16课 113

主题F：加减法应用题

第17课 121

第18课 127

第19课 133

模块2：单位换算和用度量解题

主题A：公制单位转换

第1课 141

第2课 147

第3课 153

主题B：公制单位转换的应用

第4课 159

第5课 167

4 年级

模块 1

本有一个长 9 米、宽 6 米的长方形区域。他想用篱笆把这个区域围起来，还想为这个区域覆盖上草皮。他需要几米的围栏？他需要面积多大的草皮才能覆盖整个区域？

读　　　　画　　　　写

姓名 _____   日期 _____

1. 标记数位表。填充以使以下方程式成立。在数位表中绘制圆盘,以显示你的答案,并使用箭头显示任何组合。

   a. 10 × 3个一 = _____ 个一 = _____

   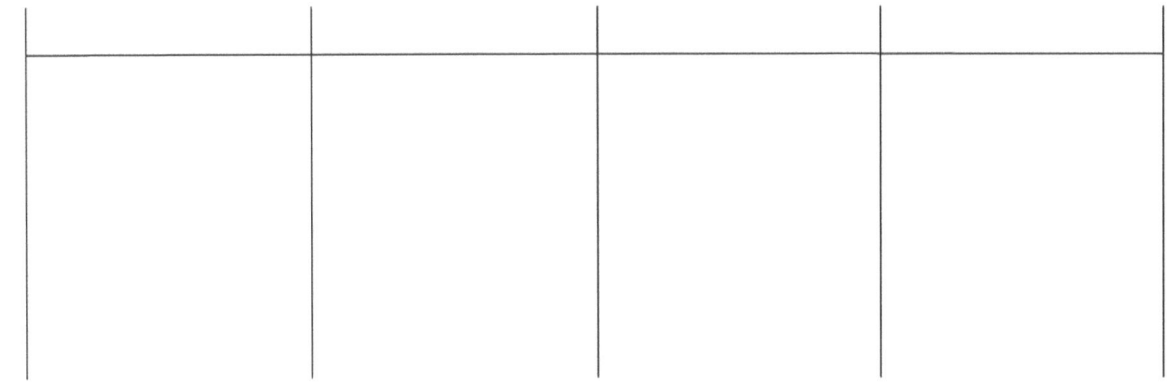

   b. 10 × 2个个十 = _____ 个十 = _____

   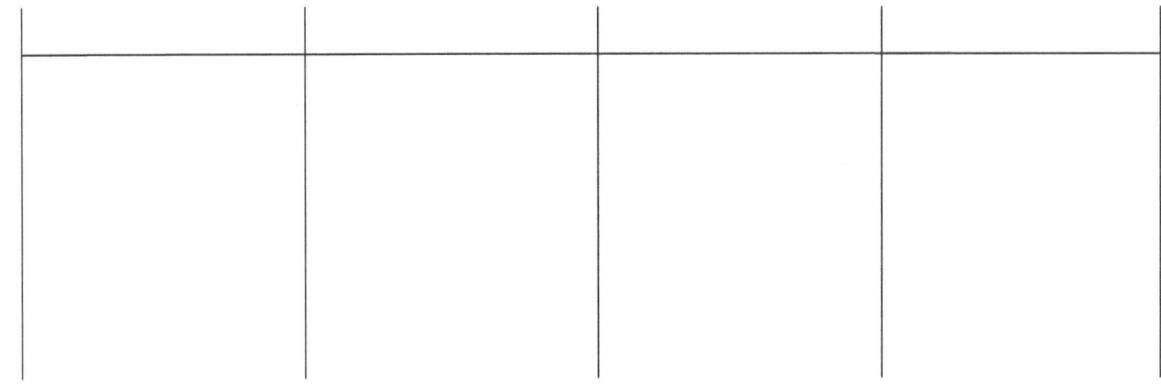

   c. 4个个百 × 10 = _____ 个百 = _____

   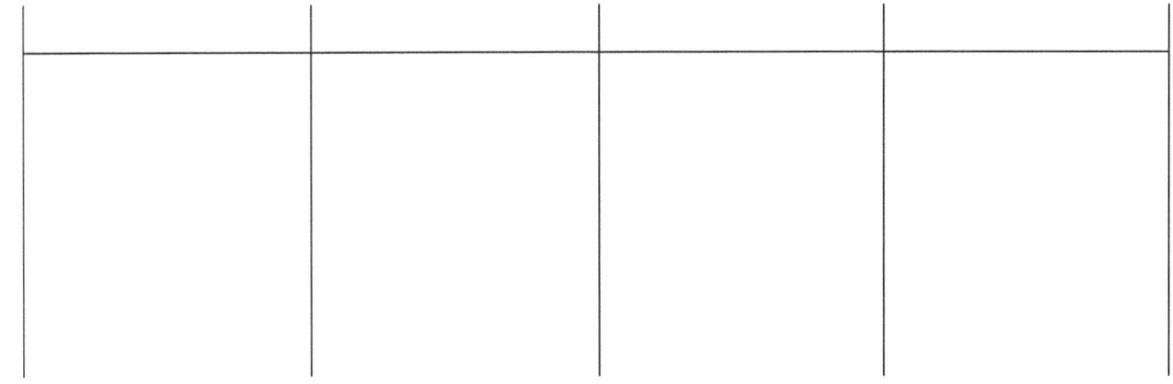

2. 使用数位知识完成以下语句：

   a. 10 乘以 1 个十等于个 _____ 十。

   b. 10 乘以 _____ 个十等于 30 个十或 _____ 个百。

   c. _____ 乘以 9 个一百等于 9 个千。

   d. _____ 个一千等于 20 个百。

   使用图片、数字或文字来说明你如何获得(d)部分的答案。

3. 马修收藏了30枚邮票。马修的父亲的邮票是马修的10倍。马修的父亲有多少枚邮票？用数字或文字说明你如何得出的答案。

4. 简存了 800 美元。她姐姐的钱是她的 10 倍。简的姐姐有多少钱？使用数字或文字来说明你如何获得的答案。

5. 填空使语句成立 _____。

   a. 2乘以4等于 _____。

   b. 10乘以4等于 _____。

   c. 500是10乘以 _____。

   d. 6,000是_____600。

6. 莎拉9岁了。莎拉的祖父已有90岁。莎拉祖父的年龄是莎拉的几倍？

   莎拉祖父的年龄是莎拉的_____倍。

单位的故事 第1课课堂反馈条 4•1

姓名 _____   日期 _____

使用下面的数位表里的圆盘来回答下面的问题：

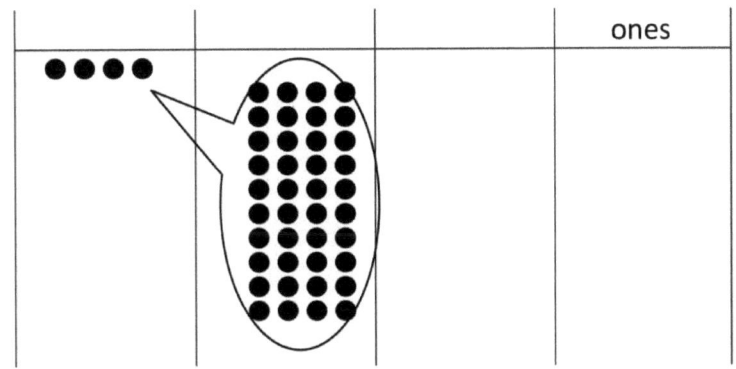

1. 标记数位表。

2. 填空以使以下等式与数位表中的图形匹配, 从而说明数位表中圆盘的移动：

    _____ × 10 = _____ = _____

3. 用 10 的倍数的方式写出一个有关这个数位表的陈述。

第1课： 表达乘法等式比较。

未标记的千位数数位表

第1课： 表达乘法等式比较。

艾米正在烤松饼。每个烤盘可容纳6个松饼。

a. 如果艾米烤4盘松饼，她总共烤了多少个松饼？

b. 面包店生产的松饼是艾米烤出的10倍。面包店生产了多少个松饼？

读　　　画　　　写

扩展： 如果面包店将松饼包装成100个一盒，那么它生产了多少盒？

读　　　画　　　写

单位的故事　　　　　　　　　　　　　　　　　　　　　　　第2课问题集　4•1

姓名 _____　　日期 _____

1. 像你在课程中所做的那样，在数位表上画圆盘来标记并表示乘数或商数。

   a. 10 × 2 个千 = _____ 个千 = _____

   b. 10 × 3 个万 = _____ 个万 = _____

   c. 4 个千 ÷ 10 = _____ 个万 ÷ 10 = _____

第2课：　　了解一个数字代表的值是其放在右边一位时所代表的数值的10倍　　15

2. 用单位形式和标准形式写出解答来解决每个表达式。

表达式	单位形式	标准形式
10 × 6 个十		
7 个百 × 10		
3 个千 ÷ 10		
6 个万 ÷ 10		
10 × 4 个千		

3. 用单位形式和标准形式写出解答来解决每个表达式。

表达式	单位形式	标准形式
(4 个十 3 个一) × 10		
(2 个百 3 个十) × 10		
(7 个千 8 个百) × 10		
(6 个千 4 个十) ÷ 10		
(4 个万 3 个十) ÷ 10		

4. 说明你如何解决的 10 × 4 个千 使用数位表来支持你的解释。

5. 说明你如何解答(4个万 3个十)÷10。使用数位表来支持你的解释。

6. 雅各布存了2千张一美元、4张一百美元以及6张十美元来买车。汽车的价格是他存的钱的10倍。这辆汽车的价格是多少钱?

7. 去年,苹果园遭遇干旱,没有生产很多苹果。但是今年,苹果园生产了4.5万个格兰尼史密斯苹果和900个红色美味苹果,这是去年苹果产量的10倍。去年苹果园生产了多少个苹果?

8. 鲁巴星球有100万个外星人。赞巴星球有10万个外星人。
   a. 鲁巴星球比赞巴星球多多少外星人？

   b. 使用 10 倍于的方式写出一句话来比较每个星球的人口 。

姓名 _____ 日期 _____

1. 填空以构成一个正确的算式。使用标准形式。

    a. （4 个万 6 个百）× 10 = _____

    b. （8 个千 2 个十）÷ 10 = _____

2. 卡森一家为买新房存了 39,580 美元。他们梦想中的家的价格是他们存款的10倍。他们梦想中的家要多少钱？

未标记的百万数位表

学校图书馆有10,600本书。镇图书馆的书籍数量是学校图书馆的10倍。镇图书馆有多少本书?

读　　　画　　　写

单位的故事　　　　　　　　　　　　　　　　　　　　　　　　　　　　　　　第3课问题集　4•1

姓名 _____　　日期 _____

1. 重写以下数字，并在适当的地方添加逗号：

   a. 1234 _____　　b. 12345 _____　　c. 123456 _____

   d. 1234567 _____　　e. 12345678901 _____

3. 解答每个表达式。用标准形式写出答案。

表达式	标准形式
5 个十 + 5 个十	
3 个百 + 7 个百	
400 个千 + 600 个千	
8 个千 + 4 个千	

3. 在数位表中用数位圆盘代表每个加数。用 10 个较小的单位来表达较大单位的组成。用标准形式写出总和。

   a. 4千 + 11百 = _____

百万	十万	万	千	百	十	个

第3课： 理解以千为单位表达数字的位置值图表和逗号的位置，表达100万以内的数字。

b. 24 个万 + 11 个千 = _____

百万	十万	万	千	百	十	个

4. 使用数位表上的数位圆盘表示以下等式。用标准形式写出结果。

   a. 10 × 3 个千 = _____

   答案中有几个一千? _____

百万	十万	万	千	百	十	个

   b. （3 个万 2 个千）× 10 = _____

   答案中有几个一千? _____

百万	十万	万	千	百	十	个

c. （32 个千 1 个百 4 个一）× 10 = _____

答案里有几个一千？_____

百万	十万	万	千	百	十	个

5. 李和加里去了韩国。他们用美元兑换了韩国的货币。李收到了15张一万韩元的钞票。加里收到了150张一千元的钞票。使用位置值图表上的磁盘或数字来比较李和加里的钱。

单位的故事　　　　　　　　　　　　　　　　　　　　　　　　　第3课课堂反馈条　4•1

姓名 _____　日期 _____

1. 在提供的空白处，用标准形式写出以下单位。确保在适当的地方添加逗号。

    a. 9个千 3个百 4个一 _____

    b. 6个万 2个千 7个百 8个十 9个一 _____

    c. 1个万 8个千 9个百 5个十 3个一 _____

2. 使用数位表上的数字或圆盘写出26个千 13个百。

百万	十万	万	千	百	十	个

你写的数字有几个一千？ _____

世界上大约剩下四万一千只亚洲象和四十七万只非洲象。亚洲象和非洲象一共有多少？

_____

_____

_____

读　　　画　　　写

单位的故事　　　　　　　　　　　　　　　　　　　　　　　　　　　　第4课问题集　4•1

姓名 _____　　日期 _____

1. a. 在下面的数位表上,标记单位,并标记数字90,523。

   b. 用文字形式写出数字。

   c. 以扩展形式写出数字。

2. a. 在下面的数位表上,标记单位,并标记数字905,203。

   b. 用文字形式写出数字。

   c. 以扩展形式写出数字。

第4课：　使用十进位数字、数字名称和扩展形式读写多位数。　　33

3. 完成以下图表：

标准形式	文字形式	扩展形式
	两千四百八十	
		20,000 + 400 + 80 + 2
	六万四千一百零六	
604,016		
960,060		

4. 黑犀牛濒临灭绝，全球仅剩4,400头。蒂莫西将该数字读为"四千四百"。他父亲则将其读为"44百"。谁的读法正确？使用图片、数字或文字来解释你的答案。

姓名 _____ 日期 _____

1. 使用下面的数位表来完成以下练习：

   a. 在图表上标记单位。

   b. 在数位表里写出数字800,000 + 6,000 + 300 + 2。

   c. 用文字形式写出数字。

2. 以扩展形式写出十六万五百八十二。

单位的故事 第5课应用题 4•1

在数位表上画出并标记单位到十万位。使用数字9、8、7、3、1和0中的每个数字一次来组成一个介于70万和90万之间的数字。以文字形式写出你组成的数字。

扩展： 按照上述相同的说明再组成两个数字。

读　　　画　　　写

第5课：　根据数字的含义比较数字，使用 >、< 或 = 来写出比较结果。

单位的故事　　　　　　　　　　　　　　　　　　　　　第5课问题集　4•1

姓名 _____　日期 _____

1. 在数位表中标记单位。在数位表画数位圆盘以代表每个数字。使用 <、> 或 = 比较两个数字。在圆圈中写出正确的符号。

   a.　　　　　　　　　　600,015 ◯ 60,015

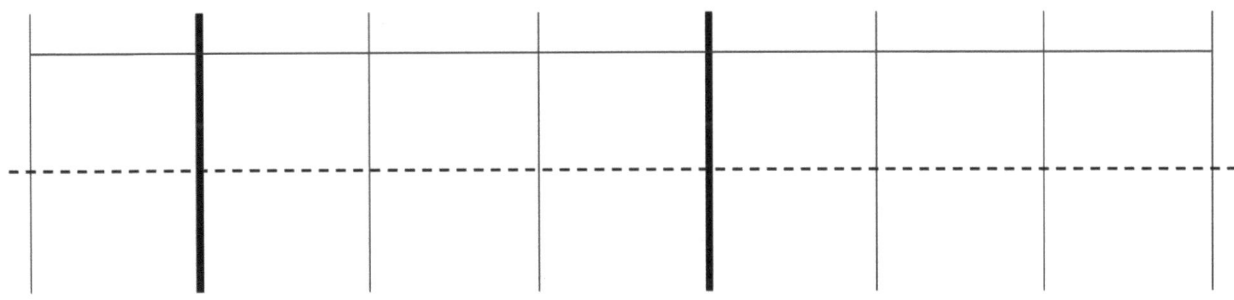

   b.　　　　　　　　　　409,004 ◯ 440,002

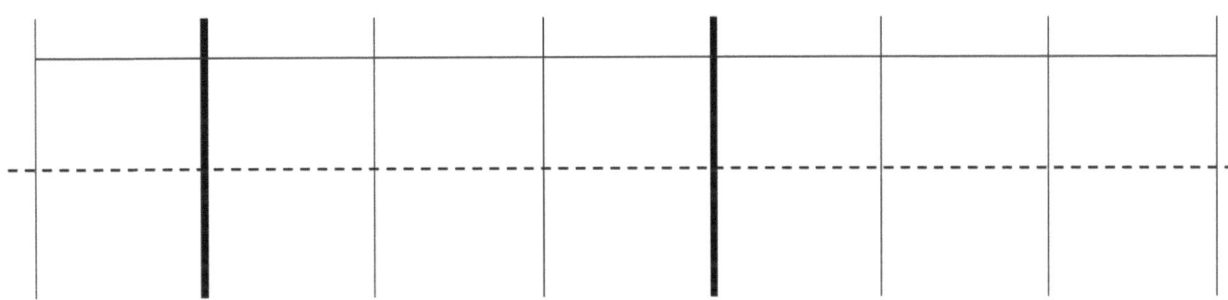

2. 使用 <、> 和 = 比较两个数字。在圆圈中写出正确的符号。

   a.　342,001 ◯ 94,981

   b.　500,000 + 80,000 + 9,000 + 100 ◯ 五十万八千九百零一

第5课：　根据数字的含义比较数字，使用 >、< 或 = 来写出比较结果。

c. 9个十万8个千9个百3个十 ◯ 908,930

d. 9个百5个万9个一 ◯ 6个万5个百9个一

3. 使用下表中的信息，从小到大列出每座山的高度（以英尺为单位）。然后，说出海拔最低的山（以英尺为单位）的名字。

山名	高度（以英尺为单位）
艾伦山	4,340英尺
马西山	5,344英尺
干草堆山	4,960英尺
斯莱德山	4,240英尺

单位的故事

4. 将这些数字从小到大排列：　　　　　　8,002　2,080　820　2,008　8,200

5. 将这些数字从大到小排列：　　　　　　728,000　708,200　720,800　87,300

6. 一个天文单位，或1个AU，是地球到太阳的大概距离。下面是地球到附近恒星的大概距离（以AU为单位）：

   半人马座阿尔法星距离地球275,725个AU。
   比邻星距离地球268,269个AU。
   波江座第五恒星距离地球665,282个AU。
   巴纳德星距离地球377,098个AU。
   天狼星距离地球542,774个AU。

   从距离地球由近到远的顺序列出恒星的名称以及距离（以AU为单位）。

姓名 _____ 日期 _____

1. 四个朋友玩了一个游戏。得分最高的玩家获胜。使用表格中的信息将每个玩家赢得的分数从低到高排序。然后，说出赢得比赛的人的名字。

玩家姓名	获得的积分
艾米	2,398分
邦妮	2,976分
杰夫	2,709分
里克	2,699分

2. 使用数字5、4、3、2、1中的每个数字一次来组成两个不同的五位数数字。

   a. 将每个数字写在横线上，并使用 < 或 > 比较两个数字。在圆圈中写出正确的符号。

   b. 使用文字为上述问题写一个比较陈述。

单位的故事 第5课模板 4•1

未标记的十万位数位表

第5课： 计算给定数字加或减 1 千、1 万或 10 万。

使用数字5、6、8、2、4和1创建两个六位数数字。确保在两个数字中都用到每个数字。用文字形式表达数字，并使用比较符号表示它们之间的大小关系。

_____

_____

_____

| 读 | 画 | 写 |

单位的故事　　　　　　　　　　　　　　　　　　　　　　　　第6课问题集　4•1

姓名 _____　　日期 _____

1. 标记数位表。使用数位圆盘找出总和或差异。在横线上用标准形式写出答案。

   a. 10,000加六十万五千四百七十二是 _____。

   b. 100千小于400,000 + 80,000 + 1,000 + 30 + 6是 _____。

   c. 230,070是 _____ 130,070。

2. 露西在玩在线数学游戏。她在第2级的得分比第3级的得分高100,000。如果她在第2级获得了349,867分,那她在第3级的得分是多少? 使用图片、文字或数字来解释你的想法。

第6课：　计算给定数字加或减 1 千、1 万或 10 万。

3. 填写每个等式的空白。

   a. 10,000 + 40,060 = _____

   b. 21,195 – 10,000 = _____

   c. 999,000 + 1,000 = _____

   d. 129,231 – 100,000 = _____

   e. 122,000 = 22,000 + _____

   f. 38,018 = 39,018 – _____

4. 填写空白框以完成模式。

   a.

150,010		170,010		190,010	

   用图片、数字或文字说明你是如何找出答案的。

   b.

	898,756	798,756			498,756

   用图片、数字或文字说明你是如何找出答案的。

c.

| 744,369 | 743,369 | | 741,369 | | |

用图片、数字或文字说明你是如何找出答案的。

d.

| | 118,910 | | | 88,910 | 78,910 |

用图片、数字或文字说明你是如何找出答案的。

姓名 _____ 日期 _____

1. 填写空白框以完成模式。

| 468,235 | | | 471,235 | 472,235 | |

用图片、数字或文字说明你是如何找出答案的。

2. 填写每个等式的空白。

   a. 1,000 + 56,879 = _____

   b. 324,560 − 100,000 = _____

   c. 456,080 − 10,000 = _____

   d. 10,000 + 786,233 = _____

3. 在2000年的人口普查中,纽约州罗切斯特的人口为219,782。2010年人口普查发现,人口减少了约10,000。2010年,有多少人居住在罗切斯特?用图片、数字或文字解释你是如何找出答案的。

单位的故事　　　　　　　　　　　　　　　　　　　　　　　　第7课应用题　4•1

根据他们的计步器,星期二,阿尔苏夫人的班级共走了42,619步。星期三,他们比星期二多走了一万步。星期四,他们比星期三少走了一千步。阿尔苏夫人的班级在星期四走了多少步?

_____

_____

_____

_____

读　　　　画　　　　写

第7课:　　使用垂直数线将多位数四舍五入到千位。

姓名 _____ 日期 _____

1. 四舍五入精确到千位。使用数线为你的思维建模。

   a. 6,700 ≈ _____

   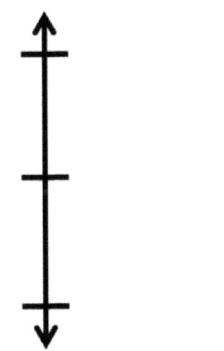

   b. 9,340 ≈ _____

   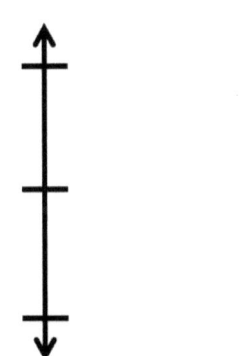

   c. 16,401 ≈ _____

   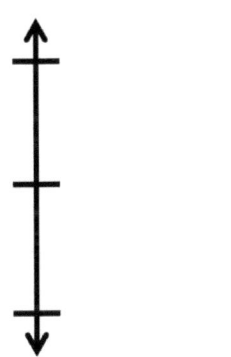

   d. 39,545 ≈ _____

   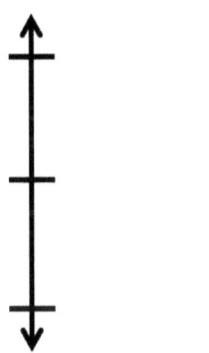

   e. 399,499 ≈ _____

   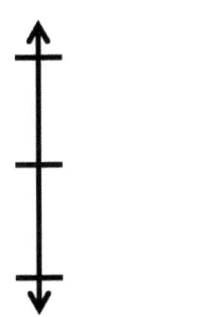

   f. 840,007 ≈ _____

2. 一名飞行员想知道他最近3趟航班飞行了多少公里。从纽约到伦敦，他飞行了5,572公里。然后，从伦敦到北京，他飞行了8,147公里。最后，他从北京飞了10996公里回到纽约。将每个数字四舍五入精确到千位，然后算出四舍五入后的数字之和，以估算飞行员飞行了多少公里。

3. 史密斯太太的班级正在学习健康的饮食习惯。学生们了解到，平均每个孩子每周应消耗约12,000卡路里的热量。克里上周消耗了12,748卡路里。泰勒上周消耗了11,702卡路里。四舍五入精确到千位，找出谁消耗的卡路里最接近建议的卡路里数。使用图片、数字或文字进行解释。

4. 2013-2014学年，康奈尔大学的学费四舍五入精确到千位是43,000美元。学费最多是多少？学费最少是多少？

单位的故事

第7课课堂反馈条 4•1

名称 _____ 日期 _____

1. 四舍五入精确到千位。使用数线为你的思维建模。

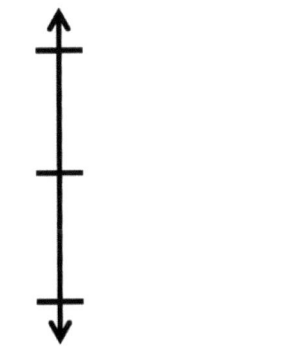
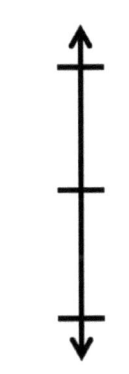
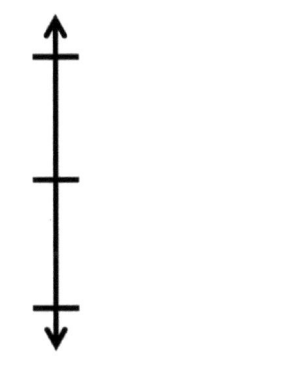

  a. 7,621 ≈ _____ b. 12,502 ≈ _____ c. 324,087 ≈ _____

2. 制造一辆新车需要39,090加仑水。萨米认为这可以四舍五入为大约40,000加仑。苏西认为这大约是39,000加仑。谁的四舍五入精确到了千位,萨米还是苏西?使用图片、数字或文字进行解释。

约瑟的父母购买了一辆二手汽车、一辆新摩托车和一辆二手雪地车。汽车花了8,999美元。摩托车花了9,690美元。雪地车花了4,419美元。他们在这三辆车上共花了大约多少钱？

_____

_____

_____

_____

读　　　　　画　　　　　写

姓名 _____ 日期 _____

将数字四舍五入到给定的位置值来完成每个陈述。使用数线展示你的作法。

1. a. 53,000四舍五入精确到万位
   是 _____。

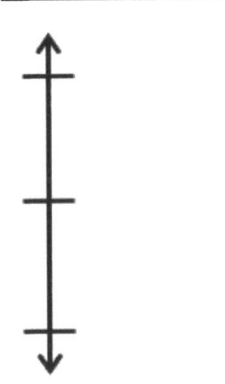

2. a. 240,000四舍五入精确到十万位
   是 _____。

b. 42,708四舍五入精确到万位
   是 _____。

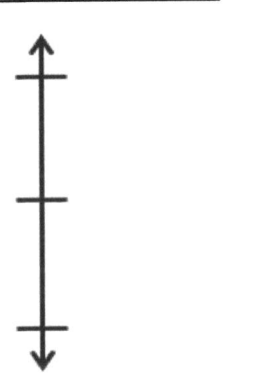

b. 449,019四舍五入精确到十万位
   是 _____。

c. 406,823四舍五入精确到万位
   是 _____。

c. 964,103四舍五入精确到十万位
   是 _____。

3. 一天有975,462首歌曲被下载。将这个数字四舍五入精确到十万来估计一天下载的歌曲有多少。使用数线展示你的作法。

4. 这个数字四舍五入精确到了万位。列出可以放在千位让这个陈述成立的数字。使用数线展示你的作法。

$$13\_,644 \approx 130{,}000$$

5. 将每个数字四舍五入到给定的数位来估计差异。

$$712{,}350 - 342{,}802$$

a. 四舍五入精确到万位。

b. 四舍五入精确到十万位。

姓名 _____ 日期 _____

1. 四舍五入精确到万位。使用数线为你的思维建模。

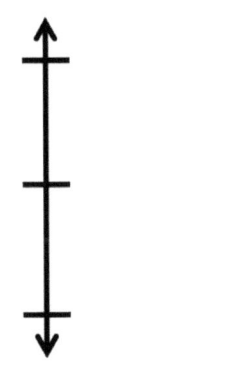

a. 35,124 ≈ _____

b. 981657 ≈ _____

2. 四舍五入精确到十万位。使用数线为你的思维建模。

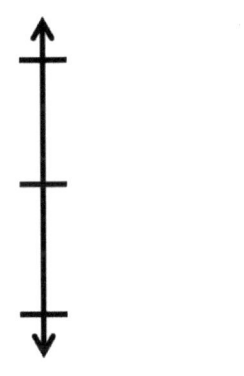

a. 89,678 ≈ _____

b. 999,765 ≈ _____

3. 将每个数字四舍五入精确到十万位来估算总和。

257,098 + 548,765 ≈ _____

34,123人参加了篮球比赛。28,310人参加了橄榄球比赛。参加篮球比赛的人数比橄榄球比赛多多少？四舍五入精确到万位以找出答案。你的答案合理吗？比较上座率的更好的方法是什么？

_____
_____
_____
_____

读　　　　　画　　　　　写

姓名 _____   日期 _____

1. 四舍五入精确到千位。

   a. 5,300 ≈ _____

   b. 4,589 ≈ _____

   c. 42,099 ≈ _____

   d. 801,504 ≈ _____

   e. 解释你是如何得出(d)部分的答案的。

2. 四舍五入精确到万位。

   a. 26,000 ≈ _____

   b. 34,920 ≈ _____

   c. 789,091 ≈ _____

   d. 706,286 ≈ _____

   e. 解释为何两个问题答案相同。写下四舍五入精确到万位时具有相同答案的另一个数字。

3. 四舍五入精确到十万位。

   a. 840,000 ≈ _____

   b. 850,471 ≈ _____

   c. 761,004 ≈ _____

   d. 991,965 ≈ _____

   e. 解释为何两个问题答案相同。写下四舍五入精确到十万位时具有相同答案的另一个数字。

第9课： 使用位置值知识将多位数四舍五入到任何位置值。

4. 使用图片、数字或文字解答以下问题。

   a. 2012年超级碗橄榄球赛的观众只有68,658人。如果第二天报纸上的标题上写着"大约有70,000人参加了超级碗",那么该报纸如何四舍五入估算出的总出席人数?

   b. 2011年超级碗的观众数为103,219人。如果第二天报纸上的标题上写着"约200,000人参加超级碗",那么报纸的估计是否合理? 使用四舍五入来解释你的答案。

   c. 根据上述练习题,2011年参加超级碗的人数比2012年多出了多少? 在给出估计的答案之前,将每个数字四舍五入到最大位数。

单位的故事　　　　　　　　　　　　　　　　　　　　　第9课课堂反馈条　4•1

姓名 _____　　日期 _____

1. 将765,903四舍五入到给定的数位：

   千位　　　　　　　　　_____

   万位　　　　　　　　　_____

   十万位　　　　　　　　_____

2. 全球有16,850家星巴克咖啡店。将咖啡店数量四舍五入精确到万位。哪个答案更准确？使用图片、数字或文字解释你的想法。

第9课：　　使用位置值知识将多位数四舍五入到任何位置值。

邮局上周售出了204,789枚邮票，本周售出了93,061枚邮票。上周邮局售出的邮票比本周多多少？解释你是如何得出答案的。

_____

_____

_____

_____

读　　　　画　　　　写

姓名 _____   日期 _____

1. 四舍五入543,982精确到

    a. 千位：_____。

    b. 万位：_____。

    c. 十万位：_____。

2. 将数字四舍五入到给定的数位来完成每个语句。

    a. 2,841四舍五入精确到百位是 _____。

    b. 32,851四舍五入精确到百位是 _____。

    c. 132,891四舍五入精确到百位是 _____。

    d. 6,299四舍五入精确到千位是 _____。

    e. 36,599四舍五入精确到千位是 _____。

    f. 100,699四舍五入精确到千位是 _____。

    g. 40,984四舍五入精确到万位是 _____。

    h. 54,984四舍五入精确到万位是 _____。

    i. 997,010四舍五入精确到万位是 _____。

    j. 360,034四舍五入精确到十万位是 _____。

    k. 436,709四舍五入精确到十万位是 _____。

    l. 852,442四舍五入精确到十万是 _____。

3. 帝国小学需要购买水瓶用于野外活动。他们有2142名学生。校长瓦达尔四舍五入精确到百位来估计要订购的水瓶数量。会有足够的水瓶给每位学生吗？解释。

4. 2012年纽约州博览会在开幕日有46,753名观众。如果你在为报纸写文章，请确定将46,753四舍五入到哪个数位。将数字四舍五入，并说明为何将出席人数四舍五入的相应单位。

5. 一架喷气飞机可容纳约65,000加仑的汽油。在纽约市和洛杉矶之间飞行时，喷气飞机消耗约7,460加仑汽油。将每个数字四舍五入到最大位数。然后，找出飞机在燃料耗尽之前可以在这两个城市之间飞行多少次。

姓名 _____ 日期 _____

1. 苹果在美国有598,500名员工。
   a. 将员工人数四舍五入到给定的数位。

      千位: _____

      万位: _____

      十万位: _____

   b. 解释为什么你的两个答案相同。

2. 一家公司开发了一项学生调查,以便学生可以分享他们对学校的看法。2011年,对全美78,234名学生进行了调查。2012年,该公司计划将参与这项调查的学生人数增加到2011年的10倍。该公司在2012年应印刷多少份调查? 解释你是如何求出答案的。

第10课: 使用数位知识,结合实际应用将多位数四舍五入到任何数位。

梅瑞迪斯跟踪了她三个星期消耗的卡路里。第一周，她消耗了12,490卡路里；第二周，她消耗了14,295卡路里；第三周，她消耗了11,116卡路里。梅瑞迪总共消耗了多少卡路里？哪一种估值得出的答案更准确：四舍五入精确到千位还是四舍五入精确到万位？说明。

读　　　画　　　写

单位的故事 第11课问题集 4•1

姓名 _____ 日期 _____

1. 使用标准算法解答以下附加问题。

   a.　　6,311　　　　　b.　　6,311　　　　　c.　　6,314
       +　 268　　　　　　　+1,268　　　　　　　+1,268

   d.　　6,314　　　　　e.　　8,314　　　　　f.　　12,378
       +2,493　　　　　　　+2,493　　　　　　　+ 5,463

   g.　　52,098　　　　 h.　　34,698　　　　 i.　　544,811
       + 6,048　　　　　　　+71,840　　　　　　　+356,445

   j.　527 + 275 + 752　　　　　　　　　　　k.　38,193 + 6,376 + 241,457

单位的故事 第11课问题集

画一个带形图表示每个问题。使用数字来解答,然后将答案写成一个陈述句。

2. 9月,自由小学为一个募捐活动收集了32,537个罐头。10月,他们收集了207,492个罐头。9月和10月他们共收集了多少个罐头?

3. 棒球场卖了一些汉堡。2,806个是芝士汉堡。1,679个汉堡没有芝士。他们总共卖出多少个汉堡?

4. 星期六晚上,23,748人参加了音乐会。星期天,参加音乐会的人数比星期六增加了7,570人。星期天有多少人参加了音乐会?

姓名 _____ 日期 _____

1. 使用标准算法解答以下附加问题。

   a.　　23,607
       +   2,307
       ─────────

   b.　　 3,948
       +   278
       ─────────

   c.　5,983 + 2,097

2. 办公用品壁橱中有25,473个大号回形针，13,648个中号回形针和15,306个小号回形针。壁橱里共有多少个回形针？

百万	十万	万	千	百	十	一

百万数位表

篮球队在9月总共筹集了154,694美元,10月比9月份多筹集了29,987美元。他们在十月筹集了多少钱?画一个带形图,然后用完整的句子写出答案。

读　　　画　　　写

姓名 _____ 日期 _____

估算并解答每个问题。使用带形图为习题建模。解释你的答案是否合理。

1. 康妮为饼干义卖活动烤了144块饼干。埃丝特比康妮多烤了49块饼干。

   a. 康妮和埃丝特一共烤了多少块饼干？在相加之前将每个数字四舍五入精确到十位以进行估算。

   b. 康妮和埃丝特到底烤了多少块饼干？

   c. 你的答案合理吗？比较你的(a)估计值和(b)答案。写一句话来解释你的理由。

2. 在学校的筹款活动中，抽奖券被卖给了学生家长、老师和学生。563张奖券卖给了老师。卖给学生的奖券比卖给老师的多888张。904张奖券卖给了学生家长。

   a. 卖给学生家长、老师和学生的奖券大概是多少张？将每个数字四舍五入精确到百位以找出估算值。

   b. 卖给学生家长、老师和学生的奖券精确来说是有多少张？

   c. 评估你(b)答案的合理性。使用你在(a)的估计值来进行说明。

3. 从2010年到2011年，皇后区人口增加了16,075。布鲁克林的人口增长比皇后区的人口增长多出11,870。

   a. 估算2010年到2011年皇后区和布鲁克林区的总人口增长。
      （四舍五入加数以进行估算。）

   b. 计算2010年到2011年皇后区和布鲁克林区的实际人口增长总数。

   c. 评估你(b)答案的合理性。使用你在(a)的估计值来进行说明。

4. 在全国回收月期间,亚德利先生的班级花了四个星期收集空罐进行回收。

周	收集的罐子数量
1	10,827
2	
3	10,522
4	20,011

a. 班级在第2周比第1周多收集了1,256个罐子。找出亚德利先生班级在4周里收集的罐子总数。

b. 估算收集的罐子总数来评估你(a)答案的合理性。

姓名 _____ 日期 _____

使用带形图为习题建模。解决并将答案写成一个陈述句。

1月，斯科特赚了8,999美元。2月，他的收入比1月多了2,387美元。3月，斯科特的收入与2月相同。在这三个月里，斯科特总共赚了多少钱？你的答案合理吗？说明。

詹妮弗1月发了5849次短信。2月，她发短信的次数比1月多了1,263次。詹妮弗在两个月内总共发了多少条短信？说明如何知道答案是否合理。

读　　　画　　　写

单位的故事

姓名 _____ 日期 _____

1. 使用标准算法解答以下减法问题。

   a.　　7, 5 2 5
   　　− 3, 5 0 2

   b.　 1 7, 5 2 5
   　　−1 3, 5 0 2

   c.　　6, 6 2 5
   　　−4, 4 1 7

   d.　　4, 6 2 5
   　　−　 4 3 5

   e.　　6, 5 0 0
   　　−　 4 7 0

   f.　　6, 0 2 5
   　　−3, 5 0 2

   g.　 2 3, 6 4 0
   　　−1 4, 6 3 0

   h.　 4 3 1, 9 2 5
   　　−2 0 4, 8 1 5

   i.　 2 1 9, 9 2 5
   　　−1 2 1, 7 0 5

画一个带形图表示每个问题。使用数字来解答，并将答案写成一个陈述句。检查你的答案。

2. 哪个数字加上13,875的和为25,884？

3. 艺术家米开朗基罗出生于1475年3月6日。作家梅姆·福克斯出生于1946年3月6日。米开朗基罗出生后多少年福克斯才出生？

4. 3月，共捕获了68,025磅帝王蟹。如果3月的第一周捕获了15,614磅，3月剩余时间里捕了多少磅？

5. 詹姆斯买了一辆二手车。行驶了9,050英里后，里程表读数为118,064英里。詹姆斯购买汽车时的里程表读数是多少？

姓名 _____ 日期 _____

1. 使用标准算法解答以下减法问题。

   a.　8,512　　　　　　b.　18,042　　　　　　c.　8,072
      − 2,501　　　　　　　 − 4,122　　　　　　　 − 1,561

画一个带形图来表示下面的问题。用数字来解答问题。将答案写成一个陈述句。检查你的答案。

2. 什么数字加上1,575等于8,625？

单位的故事　　　　　　　　　　　　　　　　　　　　第十四课应用题

在一年的时间里,动物收容所购买了25,460磅狗粮。这个数量是7月份购买的猫粮的10倍。7月购买了多少猫粮?

扩展: 如果猫吃了1,462磅的猫粮,还剩下多少猫粮?

读　　　画　　　写

姓名 _____ 日期 _____

1. 使用标准算法解答以下减法问题。

   a.　　2,460　　　　　b.　　2,460　　　　　c.　　97,684
   　　 −1,370　　　　　　　 −1,470　　　　　　 −49,700

   d.　 124,306　　　　　e.　 124,306　　　　　f.　　97,684
   　　 −31,117　　　　　　　−31,117　　　　　　 −4,705

   g.　 124,006　　　　　h.　　97,684　　　　　i.　 124,060
   　　−121,117　　　　　　　−47,705　　　　　　 −31,117

画一个带形图表示每个问题。使用数字来解答,并将答案写成一个陈述句。检查你的答案。

2. 一天有86,400秒。如果利格尔先生每天工作28,800秒,那么他一天不工作的时间有多少秒?

3. 一家报纸公司在周日早上6点之前递送了240,900份报纸。总共要递送525,600份报纸。周日还需要递送多少份报纸？

4. 剧院总共有2,013把椅子。VIP区有197把椅子。多少把椅子不在VIP区？

5. 查克的妈妈花了19,155美元买了一辆新车。她的银行账户里有30,064美元。查克的妈妈买车后还有多少钱？

姓名 _____ 日期 _____

使用标准算法解答以下减法问题。

1.　　　19,350
　　　 − 5,761
　　　 _____

2.　32,010 − 2,546

画一个带形图来表示下面的问题。使用数字解答问题,然后将答案写成一个陈述句。检查你的答案。

3. 一家甜甜圈店一天售出了1,232个甜甜圈。如果他们上午卖了876个甜甜圈,那么这天剩下的时间卖了多少个甜甜圈?

游乐园开放时，大门人数计算器上的数字为928,614。一天结束时，人数计算器显示的数字是931,682。那天有多少人通过大门？

读　　画　　写

单位的故事

姓名 _____ 日期 _____

1. 使用标准减法算法解答以下问题。

   a. $101{,}660$
       $-91{,}680$

   b. $101{,}660$
       $-9{,}980$

   c. $242{,}561$
       $-44{,}702$

   d. $242{,}561$
       $-74{,}987$

   e. $1{,}000{,}000$
       $-592{,}000$

   f. $1{,}000{,}000$
       $-592{,}500$

   g. $600{,}658$
       $-592{,}569$

   h. $600{,}000$
       $-592{,}569$

第15课：使用数位理解和标准减法算法流利地在任何数位多次分解为较小单位，并应用算法和使用带形图解决文字问题。

使用带形图和标准算法解答以下问题。检查你的答案。

2. 大卫从香港飞往布宜诺斯艾利斯。总飞行距离为11,472英里。如果飞机还剩7,793英里需要飞行，那么它已经飞行了多少英里？

3. 储罐A装有678,500加仑的水。储罐B装有905,867加仑的水。储罐A的储水量比储罐B少多少加仑？

4. 星期四，马克的银行账户中有25,081美元。星期五，他将薪水存入了银行账户，然后账户里有26,010美元。马克的薪水是多少？

单位的故事　　　　　　　　　　　　　　　　　　　　　　　　第15课课堂反馈条　4•1

姓名 _____　　　日期 _____

画一个带形图来为每个问题建模并解答问题。

1. 956,204 – 780,169 = _____

2. 一家建筑公司正在主街上建造一堵石墙。100,000块石头被运到工地。星期一，他们使用了15,631块石头。还剩下多少块石头供这周剩余的时间使用？将答案写成一个陈述句。

周末篮球季后赛，共售出了61,941张门票。周六的比赛共售出了29,855张门票。其余售出的门票则是周日的比赛。周日的比赛售出了多少张门票？

读　　　画　　　写

姓名 _____ 日期 _____

先估算，然后解答每个问题。使用带形图为习题建模。说明你的答案是否合理。

1. 星期一，农民卖出了25,196磅土豆。星期二，他卖出了18,023磅。星期三，他又卖了一些土豆。他总共卖了62,409磅土豆。

   a. 农民星期三大约卖了多少磅土豆？将每个数值四舍五入精确到千位数进行估算，然后进行计算。

   b. 算出星期三出售的土豆的准确磅数。

   c. 你准确的答案合理吗？比较你的(a)估算答案和(b)答案。写一句话来解释你的理由。

2. 一个加油站有两个油泵。油泵A分配了241,752加仑。油泵B比油泵A多分配了113,916加仑。

   a. 两个油泵大约分配了多少加仑？将每个数值四舍五入精确到十万位以进行估算，然后进行计算。

   b. 两个油泵确切地分配了多少加仑？

   c. 评估(b)中答案的合理性。使用(a)中的估计值进行解释。

3. 马丁的车行驶了86,456英里。其中，马丁的妻子驾驶了24,901英里，他的儿子驾驶了7,997英里。剩余的英里数则是马丁驾驶的。

   a. 马丁大约驾驶了多少英里？四舍五入每个数值以进行估算。

   b. 马丁确切地驾驶了多少英里？

   c. 评估(b)中答案的合理性。使用(a)中的估计值进行解释。

4. 第一周，班级阅读了3,452页书，第二周比第一周多阅读了4,090页。到第二周结束时，他们共阅读了多少页？你的答案合理吗？使用估算值说明你如何知道。

5. 一架货机重500,000磅。卸下第一批货物后，飞机重437,981磅。然后，又卸下了16,478磅。从飞机上卸下的货物总磅数是多少？你的答案合理吗？说明。

姓名 _____ 日期 _____

四分卫布雷特·法夫尔在1991年到2011年期间传球71,838码。他的历史最高纪录是一年内传球4,413码。在他的第二高传球记录里，他一年传球4,212码。

1. 在其余那些年里，他传球大约是多少码？将每个数值四舍五入精确到千位以进行估算，然后进行计算。

2. 在其余那些年里，他到底传球多少码？

3. 评估(b)中答案的合理性。使用(a)中的估计值进行解释。

一家面包店用了12,674千克面粉。其中,全麦面粉1,802千克,大米面粉888千克。其余的是通用面粉。他们使用了多少通用面粉? 解答并检查答案的合理性。

_____
_____
_____

阅读　　　　绘画　　　　编写

第17课: 使用带形图建模,解答加法比较应用题。

姓名 _____ 日期 _____

画一个带形图表示每个问题。使用数字解答，并把答案写成一个陈述句。

1. 肖恩的学校筹集了32,587美元。莱斯利的学校筹集了18,749美元。肖恩的学校比莱斯利的学校多筹集了多少钱？

2. 在一次游行活动中，97,853人坐在看台上，388,547人站在街道上。看台上的人比站在街上的人少多少？

3. 雌雄两只河马一共重5,201千克。雌性河马重2,038千克。雄性河马比雌性河马重多少？

4. 铜线长240米。剪掉60米后，它的长度是钢丝的两倍。剪掉前的铜线比钢丝长多少？

姓名 _____　　　日期 _____

画一个带形图表示每个问题。使用数字解答，并把答案写成一个陈述句。

两种化学物质的混合物一共是1,034毫升。它包含了一些化学物质A和755毫升的化学物质B。混合物中的化学物质A比化学物质B少多少？

2月和1月总共有30,436人滑雪。2月有16,009人滑雪。1月滑雪的人数比2月少了多少？

阅读　　　绘画　　　编写

姓名 _____ 日期 _____

画一个带形图表示每个问题。使用数字解答，并把答案写成一个陈述句。

1. 这家工厂一年使用了11,650米棉布，使用的丝绸比棉布少4,950米，使用的羊毛比丝绸少3,500米。工厂共使用了这三种布料多少米？

2. 这家商店售出了12,789个巧克力甜筒和9,324个曲奇甜筒。商店售出的花生酱甜筒比曲奇甜筒多1,078个，巧克力甜筒比香草味甜筒多999个。商店共售出了多少甜筒？

3. 6月的第一周，一家餐厅售出了10,345个煎蛋卷。第二周售出的煎蛋卷比第一周少1,096个。第三周售出的煎蛋卷比第一周多2千个。第四周售出的煎蛋卷比第一周少2千个。餐厅在6月总共售出了多少个煎蛋卷？

姓名 _____ 日期_____

画一个带状图来表示问题。使用数字来解答,然后将答案写成一个陈述句。

公园A占地面积4,926平方千米。它比公园B大1,845平方千米。
公园C比公园A大4,006平方千米。

1. 这三个公园的总面积是多少?

2. 评估答案的合理性。

乔丹要去到爷爷奶奶家，他必须途径奥尔巴尼和普拉茨堡。从乔丹的家到奥尔巴尼有189英里。从奥尔巴尼到普拉茨堡是161英里。如果旅程总共是508英里，那乔丹的爷爷奶奶家与普拉茨堡相距多远？

阅读　　　　绘画　　　　编写

姓名 _____ 日期 _____

使用下图，创建自己的应用题。求出变量的值。

1.

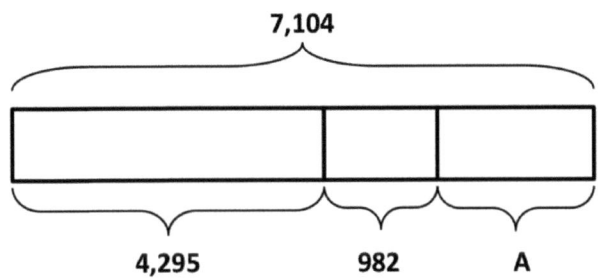

2.

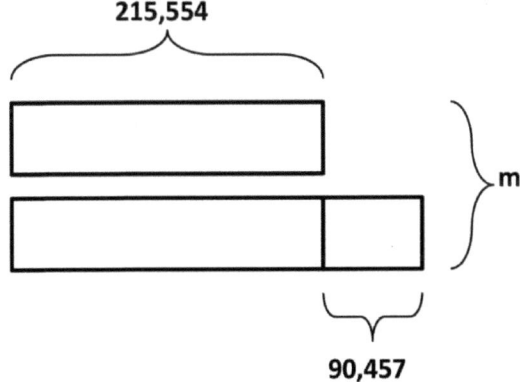

单位的故事

第十九课习题集 4•1

3.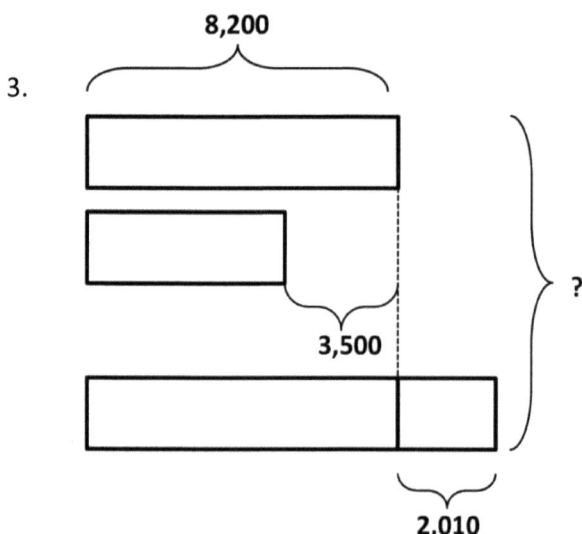

---

4. 画一个带形图为以下等式建模。创建一个应用题。求出变量的值。

$$26{,}854 = 17{,}729 + 3{,}731 + A$$

姓名 _____ 日期 _____

使用下图，创建自己的应用题。求出变量的值。

1.
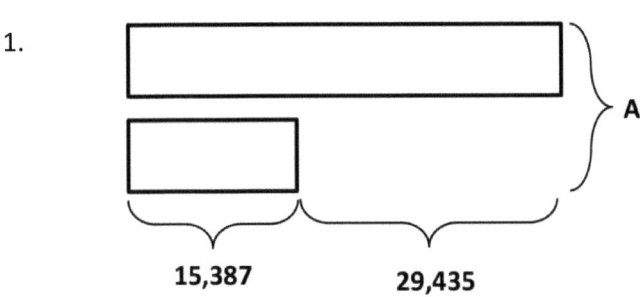

2. 使用下面的等式，绘制一个带形图并创建自己的应用题。求出变量的值。

$$248{,}798 = 113{,}205 + A + 99{,}937$$

四年级

模块 2

玛莎、乔治和伊丽莎白共冲刺了 10,000 米。玛莎冲刺了 3,206 米。乔治冲刺了 2,094 米。伊丽莎白冲刺了多远？使用算法或简化策略答题。

读　　　画　　　写

单位的故事   第一课习题集 4•2

姓名 _____   日期 _____

1. 转换测量值。

   a. 1 千米 = _____ 米   e. 1 米 = _____ 厘米

   b. 4 千米 = _____ 米   f. 3 米 = _____ 厘米

   c. 7 千米 = _____ 米   g. 80 米 = _____ 厘米

   d. _____ 千米 = 18,000 米   h. _____ 米 = 12,000 厘米

2. 转换测量值。

   a. 3 千米 312 米 = _____ 米   d. 3 米 56 厘米 = _____ 厘米

   b. 13 千米 27 米 = _____ 米   e. 14 米 8 厘米 = _____ 厘米

   c. 915 千米 8 米 = _____ 米   f. 120 米 46 厘米 = _____ 厘米

3. 解题。

   a. 4 千米 – 280 米   b. 1 米 15 厘米 – 34 厘米

   c. 用较小的单位表示答案：1千米 431 米 +   d. 用较小的单位表示答案：
      13 千米 169 米   231 米 31 厘米 – 14 米 48 厘米

   e. 67 千米 230 米 + 11 千米 879 米   f. 67 千米 230 米 – 11 千米 879 米

第 1 课： 用较小的单位表示公制长度测量值；建模并解答涉及公制长度的加减法应用题。

使用带形图为每个习题建模。使用简化策略或算法进行求解,然后将答案写成一个陈述语句。

4. 卡特的车道长 12 米 38 厘米。邻居的车道比他的长 4 米 99 厘米。邻居的车道 有多长?

5. 恩雅从学校到商店步行了 2 千米 309 米。然后,她从商店步行回到家。如果她总共走了 5 千米,那么从商店到她家有多远?

6. 瑞秋有一条长 5 米 32 厘米的绳子,她把绳子剪成了两段。一段长 249 厘米。另一段绳子长多少厘米?

7. 杰森骑自行车比阿里森少骑行了 529 米。杰森骑行了 1 千米 850 米。阿里森骑行了多少米?

单位的故事　　　　　　　　　　　　　　　　　　　　　　第1课课堂反馈条　4·2

姓名 _____　　日期 _____

1. 完成转换表。

距离	
71 千米	_____ 米
_____ 千米	30,000 米
81 米	_____ 厘米
_____ 米	400 厘米

2. 13 千米 20 米 = _____ 米

3. 401 千米 101 米 – 34 千米 153 米 = _____

4. 加布搭建了一个 1 米 78 厘米高的玩具塔。搭建更多之后，他又测量了玩具塔，发现它高了 82 厘米。玩具塔现在有多高？画一个带形图来为问题建模。使用简化策略或算法进行求解，然后将答案写成一个陈述语句。

第1课：　用较小的单位表示公制长度测量值；建模并解答涉及公制长度的加减法应用题。

学校到佐伊家相距 3 千米 469 米。卡米家到学校比佐伊家到学校远 4 千米 301 米。卡米家到学校相距多远？使用算法或简化策略求解。

读　　　画　　　写

单位的故事

第2课习题集 4•2

姓名 _____ 日期_____

1. 完成转换表。

质量	
千克	克
1	1,000
3	
	4,000
17	
	20,000
300	

2. 转换测量值。

a. 1 千克 500 克 = _____克

b. 3 千克 715 克 = _____克

c. 17 千克 84 克 = _____克

d. 25 千克 9 克 = _____克

e. _____千克 _____克 = 7,481 克

f. 210 千克 90 克 = _____克

3. 解题。

a. 3,715 克 - 1,500 克

b. 1 千克 – 237 克

c. 用较小的单位表示答案：
25 千克 9 克 + 24 千克 991 克

d. 以较小的单位表达答案：27 千克 650 克 – 20 千克 990 克

e. 用混合单位表示答案：
14 千克 505 克 – 4,288 克

f. 用混合单位表示答案：5 千克 658 克 + 57,481 克

第 2 课： 用较小的单位表示公制质量测量值；建模并解答涉及公制质量的加减法应用题。

使用带形图为每个习题建模。使用简化策略或算法进行求解,然后将答案写成一个陈述语句。

4. 一个包裹重 2 千克 485 克。另一个包裹重 5 千克 959 克。这两个包裹的总重量是多少?

5. 菠萝和西瓜一共重 6 千克 230 克。如果菠萝重 1 千克 255 克,那么西瓜有多重?

6. 哈维尔的狗比布拉德利的狗重 3,902 克。布拉德利的狗重 24 千克 175 克。哈维尔的狗有多重?

7. 右表显示了三名四年级学生的体重。
伊莎贝尔比最轻的学生重多少?

学生	重量
伊莎贝尔	35 千克
艾琳	29 千克 38 克
苏	29,238 克

姓名 _____   日期 _____

1. 转换测量值。

   a. 21 千克 415 克 = _____ 克

   b. 2 千克 91 克 = _____ 克

   c. 87 千克 17 克 = _____ 克

   d. ____ 千克 ____ 克 = 96,020 克

用带形图为以下问题建模。使用简化策略或算法进行求解，然后将答案写成一个陈述语句。

2. 右表显示了三只狗的体重。
   大丹犬比奇瓦瓦犬 重多少？

狗	重量
大丹犬	59 千克
金毛寻回犬	32 千克 48 克
奇瓦瓦犬	1,329 克

一升水重 1 千克。李一家远足时带了 3 升水。远足结束时,他们还剩下 290 克水。他们喝了多少水?画一个带形图,并使用算法或简化策略答题。

读　　　画　　　写

第 3 课： 用较小的单位表示公制容量测量值;建模并解答涉及公制容量的加减法应用题。

姓名 _____ 日期_____

1. 完成转换表。

液体容量	
升	毫升
1	1,000
5	
38	
	49,000
54	
	92,000

2. 转换测量值。

   a. 2 升 500 毫升 = _____ 毫升

   b. 70 升 850 毫升 = _____ 毫升

   c. 33 升 15 毫升 = _____ 毫升

   d. 2 升 8 毫升 = _____ 毫升

   e. 3,812 毫升 = _____ 升 _____ 毫升

   f. 86,003 毫升 = _____ 升 _____ 毫升

3. 解题。

   a. 1,760 毫升 + 40 升

   b. 7 升 – 3,400 毫升

   c. 用较小的单位表示答案：
      25 升 478 毫升 + 3 升 812 毫升

   d. 用较小的单位表示答案：
      21 升 – 2 升 8 毫升

   e. 用混合单位表示答案：
      7 升 425 毫升 – 547 毫升

   f. 用混合单位表示答案：
      31 升 433 毫升 – 12 升 876 毫升

使用带形图为每个习题建模。使用简化策略或算法进行求解,然后将答案写成一个陈述语句。

4. 为了调制水果宾治,约翰的妈妈把 3500 毫升热带饮料、3 升 95 毫升姜汁汽水和 1 升 600 毫升菠萝汁混合在一起。

   a. 将饮料量按从小到大的顺序排序。

   b. 约翰的妈妈调制了多少水果宾治?

5. 一个家庭在早餐时喝了 1 升 210 毫升牛奶。如果早餐前有 3 升牛奶,那还剩多少牛奶?

6. 佩特拉的鱼缸里装有 9 升 578 毫升水。如果鱼缸的容量是 12 升 455 毫升水,那她还需要加多少毫升水才能装满鱼缸?

姓名 _____ 日期 _____

1. 转换测量值。

   a. 6 升 127 毫升 = _____ 毫升

   b. 706 升 220 毫升 = _____ 毫升

   c. 12 升 9 毫升 = _____ 毫升

   d. _____ 升 _____ 毫升 = 906,010 毫升

2. 解题。

   81 升 603 毫升 – 22 升 489 毫升

用带形图为以下问题建模。使用简化策略或算法进行求解，然后将答案写成一个陈述语句。

3. 史密斯家的热水浴缸容量为 1458 升。史密斯太太把 487 升 750 毫升的水倒入浴缸。还需要加多少水才能把热水浴缸装满？

亚当向烧杯中倒入 1 升 460 毫升水。三天后，水蒸发了一些。第四天，烧杯中还剩下 979 毫升水。蒸发了多少水？

读　画　写

单位的故事　　　　　　　　　　　　　　　　　　　　　　　　　　　　　　第四课习题集　4•2

姓名 _____　　　日期 _____

1. 完成表格。

较小的单位	较大的单位	多少倍?
一	百	100
厘米		100
一	千	1,000
克		1,000
米	千米	
毫升		1,000
厘米	千米	

2. 用文字形式填写单位。

　　a.　429 是 4 个一百 29 个 _____。　　b.　429 厘米是 4 _____ 29 厘米

　　c.　2,456 是 2 个 _____ 456 个一。　　d.　2,456 米是 2 _____ 456 米

　　e.　13,709 是 13 个 _____ 709 个一。　f.　13,709 克是 13 千克 709 _____。

3. 填写未知的数字。

　　a.　_____ 是 456 个一千 829 个一。　　b.　_____ 毫升是 456 升 829 毫升。

第 4 课：　了解度量标准单位并将其与位置值单位相关联，以使用不同单位表示度量。　　　161

4. 使用文字、方程式或图片来表示并解释度量单位与位置值单位有何相似，又有何不同。

5. 使用 >、< 或 = 做出比较。

   a. 893,503 毫升 ○ 89 升 353 毫升

   b. 410 千米 3 米 ○ 4,103 米

   c. 5,339 米 ○ 533,900 厘米

6. 将以下测量值放在数线上：

   2 公里 415 米   2,379 米   2 公里 305 米   245,500 厘米

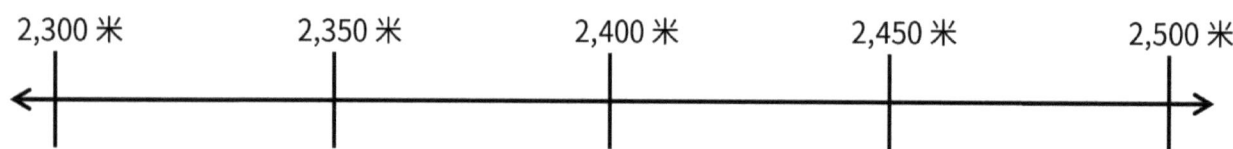

7. 将以下测量值放在数轴上：

   2 千克 900 克   3500 克   1 千克 500 克   2,900 克   750 克

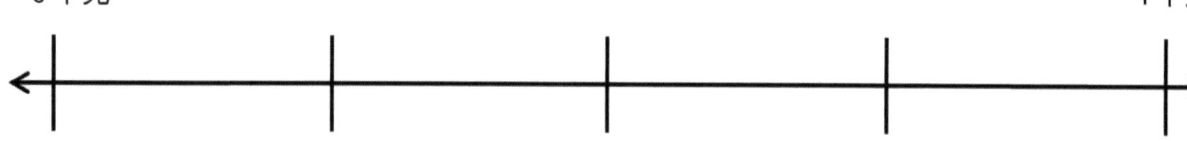

姓名 _____ 日期 _____

1. 用文字形式填写未知单位。

   a. 8,135 是 8 个 _____ 135 个一 b. 8,135 克是 8 _____ 135 克

2. _____ 毫升等于 342 升 645 毫升。

3. 使用 >、< 或者 = 进行比较。

   a. 23 千米 40 米 ◯ 2,340 米

   b. 13,798 毫升 ◯ 137 升 980 毫升

   c. 5,607 米 ◯ 560,701 厘米

4. 将以下测量值放在数线上：

   33 千克 100 克   31,900 克   32,350 克   30 千克 500 克

   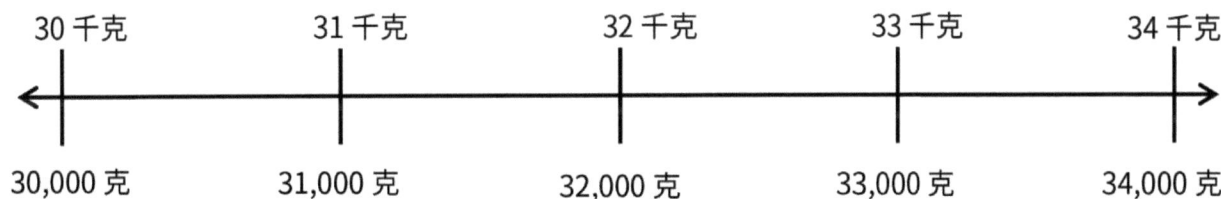

未标记的十万位数位表

第 4 课: 了解度量标准单位并将其与位置值单位相关联，以使用不同单位表示度量。

姓名 _____   日期 _____

用带形图为每个问题建模。用陈述语句解答。

1. 贝丝买的土豆重 3 千克 420 克。她买的洋葱比土豆轻 1,050 克。土豆和洋葱一共多重？

2. 阿黛尔放风筝时放出了 18 米 46 厘米的风筝线。然后她又多放出 13 米 78 厘米，之后又拉回了 590 厘米。拉回后放出的风筝线有多长？

3. 诗雅的桶中装有 6 升 775 毫升油漆。她又倒入了 1 升 118 毫升。第一天，诗雅用了 2 升 125 毫升油漆。在第二天结束时，桶中还剩 1769 毫升油漆。诗雅第二天用了多少油漆？

4. 星期四,披萨店用的面粉比星期五少 2 千克 180 克。星期五,他们用了 12 千克 240 克。星期六,他们比星期五多用了 1,888 克。在这三天他们一共用了多少面粉?

5. 扎卡里汽车的油箱容量为 60 升。油箱已经有 2,050 毫升的汽油,他向油箱又加了 23 升 825 毫升的汽油。扎卡里还可以向油箱加多少汽油?

6. 长颈鹿高 5 米 20 厘米。大象比长颈鹿矮 1 米 77 厘米。犀牛比大象矮 1 米 58 厘米。犀牛有多高?

姓名 _____   日期 _____

用带形图为每个问题建模。用陈述语句解答。

1. 杰夫将一个 890 克重的菠萝放在天平上。
   他在天平的另一边放了两个橙子、一个苹果和一个柠檬来平衡重量。
   每个橘子重 280 克。柠檬比每个橙子轻 195 克。苹果的重量是多少？

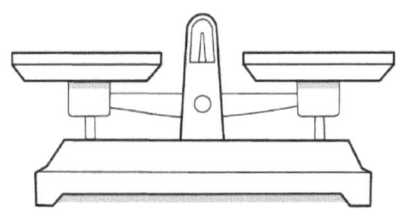

2. 布莱恩身高 1 米 87 厘米。邦妮比布莱恩矮 58 厘米。贝蒂娜比邦妮高 26 厘米。贝蒂娜有多高？

版权

Great Minds® 已竭尽全力获得转载所有受版权保护材料的许可。如果有版权材料的所有人在此未得到确认,请与 Great Minds 联系,以便在本模块的所有未来版本和再版中获得适当的确认。

Printed by Libri Plureos GmbH in Hamburg, Germany